DE LA CULTURE

DES PANAIS

PAR

G. LE BIAN

A L'HERMITAGE, EN LAMBÉZELLEC

PRÈS DE BREST

ET RUE MONGE, 5, BREST

—

SEIZIÈME ÉDITION

AUGMENTÉE DE NOUVEAUX RAPPORTS ET D'UNE STATISTIQUE
DE LA CULTURE DU PANAIS DE 1874 A 1883

BREST

IMPRIMERIE DE F. HALÉGOUET, RUE KLÉBER, 11

1883

DE LA CULTURE

DES PANAIS

Le Panais joue dans l'agriculture, surtout dans notre vieille et chère Armorique, un rôle si considérable, que l'étude à laquelle je me suis livré, et dont cette note n'offre que le résultat, pourra peut-être piquer l'intérêt. Trop heureux si je pouvais augmenter, dans d'immenses proportions, la propagation de la culture de cette racine fourragère.

Le Panais a rempli un certain rôle dans l'agriculture des Grecs et des Romains, et il s'est fait sentir jusque dans l'ancienne thérapeutique. On trouve des traces nombreuses de ces faits dans une foule de livres de médecine et d'histoire naturelle ; mais il ne rentre pas dans notre cadre, fort restreint, d'examiner cette question sous ses divers points de vue rétrospectifs. Nous nous abstiendrons ici de constater par écrit ces données, quelque intéressantes qu'elles soient. Nous nous contenterons de grouper des observations qui rentrent dans le domaine agricole et horticole.—Le célèbre de la Quintinye, directeur des jardins fruitiers et potagers du roy, nous dit que les Panais ne se multiplient que de graine, qui est plate, d'un rond un peu ovale et comme bordée, rayée dans sa longueur, couleur de paille un peu brune. (*Instructions sur les Jardins*, etc., page 9 h, tome II, édition de 1730, in-4º.) Écoutons encore ce qu'il dit de leur culture (page 19 h) :

« Panais est une de nos racines potagères qui est fort connue dans les cuisines ; on les sème vers la fin de l'hiver en pleine terre ou en bordure, on les doit semer assez clairs, toujours en terre qui soit bonne, et, si elles lèvent trop drues, il les faut éclaircir dès le mois de mai, afin que ce qui reste en place devienne mieux nourri et plus beau. » — Un membre de l'Institut, M. Bosc, dans un article consacré au Panais (*Encyclopédie méthodique*, Agriculture, tome III, 1813), nous fournit de précieux détails au milieu desquels nous glanons les suivants : « Tous les bestiaux, surtout les cochons, recherchent le Panais. Les vaches qui s'en nourrissent donnent du lait plus savoureux et plus abondant. C'est pour sa racine, qui a une saveur aromatique sucrée (elle contient 12 p. 100 de sucre, selon Drapiez ; suivant le *Dictionnaire* de Larousse, 10 p. 100) que l'on cultive le Panais. Quelque étendue que soit sa culture en France, il s'en faut de beaucoup qu'elle soit aussi générale qu'il serait à désirer, tant pour la nourriture de l'homme que pour celle des animaux. »

Le lieutenant-colonel Ch. J.-L. Lullier, l'auteur de l'ouvrage intitulé : *Des prairies artificielles d'été et d'hiver*, nous apprend qu'il cultive depuis quelques années le Panais à longues racines, qui lui a réussi merveilleusement dans les mêmes terres où il plantait les carottes. Il a bien observé que le Panais perçait plus facilement la terre forte que la carotte. Il aurait, suivant lui, tous les avantages de celle-ci et même, plus qu'elle, la faculté de résister aux hivers les plus rigoureux. « L'avantage, ajoute-t-il, qu'a le Panais de se conserver parfaitement en plein champ, pendant l'hiver, quelque rigoureux qu'il soit, doit déterminer le cultivateur à en profiter et à attendre pour le faire manger, d'avoir con-

comme les turneps, carottes et autres racines qu'on aura été forcé d'emmagasiner pour les conserver. Tout comme elles, on les coupera en tranches avant que de les présenter aux animaux pour leurs repas. »

Si nous voulons nous en rapporter à M. G. D. (l'auteur de l'article PANAIS dans le *Dictionnaire universel de l'histoire naturelle*, dirigé par M. C. d'Orbigny), la graine du Panais n'est bonne que pendant un an. Nous ferons remarquer, avec le judicieux auteur, qu'en Bretagne on cultive cette plante avec d'autant plus d'avantages, que presque tous les bestiaux la mangent volontiers, et que, restant sur place pendant l'hiver, sans souffrir du froid, elle n'expose à aucun des inconvénients qu'entraîne la conservation des fourrages ordinaires.

L'ouvrage le plus récent que nous ayons consulté sur cette matière, est le *Dictionnaire* de Larousse, dont nous allons détacher quelques passages seulement, ceux qui sont relatifs au Panais considéré comme plante fourragère : « Les bestiaux, et surtout les cochons, s'en nourrissent avec plaisir, et on le leur donne cru ou cuit ; l'usage de sa racine augmente la sécrétion lactée chez les vaches laitières, le lait est plus abondant, plus butyreux, la crème est épaisse, le beurre est jaune et d'un goût exquis. Dans quelques contrées, et notamment en Bretagne, dans les arrondissements de Morlaix et de Brest, on a mis à profit cette observation et on cultive le Panais comme plante fourragère, d'autant plus utile, que l'hiver elle peut braver le froid et rester sur place. »

Je me permettrai de faire remarquer que cette racine de Panais résiste dans la terre aux froids les plus rigoureux, comme le constatent les données ci-dessus mentionnées et mes propres observations. Pendant une vingtaine d'années que j'ai pratiqué l'élève du cheval, je n'ai eu à constater aucun cas d'ophtalmie dans les nombreux animaux que je nourissais de racines de Panais, et qui étaient plus lisses, plus beaux, plus vigoureux, plus fringants que s'ils avaient été repus de carottes et d'avoine.

Je considère le Panais comme la meilleure nourriture pour les chevaux, et non-seulement la meilleure, mais encore celle qui revient à meilleur marché. Cela est facile à démontrer :

Mes chevaux, à la campagne, font trois repas par jour, trois repas de Panais ; on leur en donne 6 kilog. par repas, soit, par jour, 18 kil. ; or, les 100 kil. de Panais reviennent tout au plus aux fermiers à 2 francs, soit 0 fr. 02 le kilogr., c'est-à-dire à 0 fr. 36 les 18 kilog. Chacun de mes chevaux est donc nourri moyennant 36 cent. par jour.

Il est bien entendu qu'entre ces repas de Panais, on leur donne de la paille ou du foin, comme on le fait quand l'avoine forme la base de leur nourriture.

Combien en coûte-t-il, en revanche, pour nourrir un cheval avec de l'avoine ? Il faut lui en donner 2 kilog. par repas, ce qui fait 6 kilog. pour ses trois repas journaliers. Or, l'avoine coûte 24 fr. les 100 kilog., soit 0 fr. 24 le kilog. Donc la nourriture de chaque cheval revient à 1 fr. 44 par jour.

Nous avons vu que la nourriture au Panais revient seulement à 36 centimes, c'est-à-dire précisément au quart du prix de la nourriture à l'avoine.

Je crois superflu d'insister davantage sur ce point ; la démonstration est trop claire pour que le moindre doute puisse subsister. Il y a plus : on a vu que le cheval nourri au Panais mange 18 kilog. de nourriture, tandis que le cheval nourri à l'avoine n'en mange que 6 ; l'animal, dans le premier cas, doit naturellement être plus satisfait que dans le second. Je pourrais ajouter encore que l'avoine est échauffante, que le Panais ne l'est pas, et d'autres considérations qu'il serait trop long d'exposer ici.

Aux bœufs et aux vaches laitières, on donne 8 kilogr. de Panais par repas ; aux porcs à l'engrais, 8 kilogr. également ; aux moutons, etc., dans la proportion de leurs besoins.

Il n'est point inutile, pour l'instruction du lecteur, de faire passer sous ses yeux la méthode de cultiver cette plante fourragère, si précieuse pour l'agriculture, qu'un écrivain distingué, M. de la Morvonnais, lui donne le nom de manne. Comme j'ai entrepris, depuis dix ans, de propager la culture de Panais, que j'ai envoyé des graines à toutes les personnes qui m'en ont adressé la demande par écrit, et que mes efforts, grâce à Dieu, ont été récompensés d'un plein succès, on me pardonnera de retracer ici les courtes instructions pratiques dont j'ai toujours soin d'accompagner mon envoi. Ces règles, réduites en brèves formules, jointes aux considérations éparses dans cette note et tirées des auteurs les plus compétents, peuvent contribuer à mettre les lecteurs à même de pratiquer la culture de cette plante fourragère, encore trop peu connue, et qui est appelée à rendre d'incalculables services.

La graine de Panais se sème du 1er mars au 10 avril.

La graine de Panais doit être entièrement semée dans l'année même. Il est inutile d'en garder pour une deuxième année ; elle serait improductive.

Il faut commencer par étendre le fumier sur le champ

(une demi-fumure suffit), puis tourner la terre profondément avec la charrue ou la bêche. Une fois cette opération achevée, on devra pardessus semer la graine de Panais, soit avec le semoir, soit à la volée. Toutefois, nous croyons préférable de se servir du semoir, ce qui permet d'espacer la graine de 40 centimètres dans tous les sens et évite la peine d'éclaircir plus tard. On donne ensuite un coup de râteau, afin que les graines soient couvertes d'un centimètre de terre environ. La graine de Panais ne demande pas à être enfouie profondément dans le sol. Les Panais ne sortent de terre que vingt-cinq jours environ après les semailles. Quand ils ont atteint de 5 à 6 centimètres de hauteur, on les sarcle avec une binette à main, afin de bien remuer la terre et d'en arracher les mauvaises herbes. Le deuxième sarclage se fait quand les Panais ont atteint la hauteur de 15 centimètres environ. On suit pour ce sarclage la même méthode que pour le premier. Après on n'a plus rien à faire, qu'à laisser à la nature, ou mieux à Dieu, le soin de féconder votre œuvre.

Les feuilles de Panais peuvent être données à manger aux vaches, qui s'en montrent très-friandes ; mais il faut avoir soin de ne les couper que vers le mois d'octobre, lorsqu'elles commencent à sécher, pour ne pas nuire au développement de la racine.

On commence à tirer les Panais de terre vers le 15 novembre. On réitère cette opération tous les jours, suivant les besoins. Les Panais se conservent au sein du sol, sans en être arrachés, jusqu'à la fin de mars, même sous la glace et la neige.

Quant au Panais que l'on destine à porter de la graine, voici quelles sont les indications à suivre :

La terre dans laquelle on se propose de les planter doit être profondément remuée et recevoir un peu de fumier. Autant que possible, elle sera exposée au midi.

Les Panais devront être plantés à 0^m80 les uns des autres, afin qu'ils ne se gênent pas mutuellement, lorsqu'ils auront atteint un certain développement. Il faut les enfoncer dans la terre jusqu'au collet, laissant le collet à découvert. Le trou doit être creusé avec une bêche, et une fois la plante enterrée, la terre bien tassée tout autour, il faut avoir soin que le fumier ne touche pas le Panais ; cette précaution est essentielle ; plus tard, les racines, en grandissant, iront le trouver d'elles-mêmes.

C'est dans le courant du mois de mars qu'on doit mettre les Panais en terre ; s'ils sont bien placés, mieux vaudra ne pas les déplanter. Si des gelées se produisaient alors, on devrait recouvrir les plantes d'un paillis, afin de les protéger ; même précaution, s'il venait à tomber de la neige.

Puis il faut laisser la nature agir seule. Il n'y a rien autre chose à faire qu'à donner des tuteurs à la plante, pour empêcher que le vent n'en brise les ramifications.

La graine est mûre à partir du commencement d'août. On devra avoir soin de ne pas arracher la tige pour récolter la graine, mais de couper seulement les bouquets au fur et à mesure qu'ils paraîtront arrivés à un état de maturité suffisant, car cette maturité ne se produit pas en même temps sur toute la plante.

La graine recueillie, on l'étendra sur un linge et on la laissera sécher au soleil.

Vingt-cinq Panais doivent produire environ deux kilogrammes de graines.

Je puis affirmer, avec connaissance de cause, que le Panais est la meillure nourriture et la plus saine que l'on puisse donner aux chevaux, aux vaches laitières ; qu'il est bon pour le beurre et le lait, ainsi que pour l'engraissement des bœufs, des porcs et de tous les bestiaux. 4 kilogrammes de graines de Panais suffisent à ensemencer un hectare de terre. Le rapport par hectare est de 40,000 à 45,000 kilogrammes en moyenne ; plusieurs rapports de ces dernières années signalent des rendements de 60,000 et même de 70,000 kilogrammes. 100 kilogrammes de Panais équivalent à 300 kilogrammes de betteraves pour la nourriture des bestiaux. Comme valeur nutritive, on peut, d'après M. F.-R. de la Tréhonnais, qui s'appuie sur les données de la science, ranger les turneps, suèdes, betteraves fourragères, betteraves à sucre, carottes blanches, de Belgique, *Panais*, dans l'ordre suivant : 1, *Panais* ; 2, betteraves à sucre ; 3, carottes ; 4, betteraves fourragères ; 5, suèdes ; 6, turneps. La Providence, dans sa munificence infinie, ne s'est pas montrée avare de ses dons à notre chère Armorique, et, parmi les trésors de végétation fourragère, dont elle a doté notre sol, il faut placer les *Panais* au premier rang. Les intelligents éleveurs et les Sociétés qui contribueront à la propagation de cette précieuse plante fourragère, mériteront bien de l'Agriculture.

LE BIAN,

A l'Hermitage, en Lambézellec, près Brest.

CULTURE DU PANAIS

EN 1877

ENQUÊTE DE M. LE BIAN

Nous avons la satisfaction de pouvoir annoncer que la généreuse propagande entreprise par M. Le Bian, en faveur de la culture du panais fourrager, dans toutes les régions du territoire, a eu un succès qui dépasse ses espérances. M. Le Bian a bien voulu nous communiquer un document qui résume les lettres par lesquelles ses nombreux correspondants qui ont semé et cultivé ses graines déclarent avoir obtenu des rendements inespérés et se trouver également satisfaits des qualités alimentaires du feuillage et des racines.

M. Le Bian a donc rendu un très-grand service à l'agriculture. Avant lui, on savait généralement dans le monde agricole, que le panais fourrager était, dans le Finistére, une culture précieuse pour les bestiaux et pour les chevaux justement renommés de ce département. Mais on disait aussi que les essais tentés pour importer cette culture dans les autres départements n'avaient amené que des déceptions. Cette opinion était tellement enracinée partout, que personne ne voulait plus s'occuper du panais. Nous-mêmes nous avions tant de fois reçu cette réponse des cultivateurs auxquels nous signalions cette culture, que nous avions renoncé à en parler.

Honneur donc à M. Le Bian ! Pour ramener l'opinion de cette erreur, il a compris qu'il fallait tout d'abord remédier à la cause première des échecs signalés partout, la qualité insuffisante des graines. Il a cultivé un champ de porte-graines, auxquels il a donné tous les soins voulus pour obtenir des graines fécondes et de bonne qualité.

Après avoir planté ces porte-graines sur un sol bien préparé, il a éclairci les ombelles pour assurer une bonne nourriture à toutes les graines. Les graines ainsi obtenues, distribuées entre huit cents correspondants, ont produit partout des récoltes inattendues. Ensuite M. Le Bian a eu soin d'exclure de ses envois les graines de l'année précédente. Contrairement à la carotte, la graine de panais perd sa fécondité dans la seconde année.

Cela dit, voici un résumé des témoignages de satisfaction adressés à M. Le Bian par les agriculteurs qui ont cultivé ses graines :

M. Rives, agriculteur aux Escoussols, par Cerçac-Cabardes (Aude), dit : « Malgré une sécheresse très-prolongée, j'ai obtenu des panais assez gros, environ une douzaine de quintaux, que je vais faire manger par mes vaches et mes jeunes élèves. J'ajoute qu'une soupe au panais n'est pas à dédaigner. »

A Villiers-Vaudey (Calvados), M. Delaville a récolté de huit cents à mille kilos de racines pour cinq ares, soit seize à vingt mille kilos par hectare. « Aucune récolte, dit-il, n'eût doané davantage. Cette nourriture est supérieure à la betterave. Donnée seule aux bestiaux, elle produit sur eux un très-bon effet. »

M. Bernard, à Combecrose, écrit : « Résultats meilleurs que je ne croyais ; les semis en terrains frais ont produit des racines mesurant vingt-cinq à trente centimètres de tour au collet. » Ses veaux s'en nourrissent avec avidité et profitent à vue d'œil.

M. de la Garde, aux Dorides (Deux-Sèvres), a récolté des racines pesant près de deux kilos. Ses vaches s'en trouvent merveilleusement bien, leur lait est plus riche et plus abondant. « Le panais breton, dit-il, a la racine plus longue que celui de Guernesey, dont la graine est dans le commerce. »

M. Schaerft, dans la Nièvre, accuse un rendement de 40,000 kilos à l'hectare.

M. Bonnot, du Martray (Loiret), a obtenu 2,500 kilos sur six ares d'un terrain sec ; il eût eu le double si l'été avait été moins sec et octobre moins froid. Ses vaches et ses chevaux s'en trouvent parfaitement : « Les vaches ont un lait abondant et riche, les chevaux ont un poil lustré et sont pleins de vigueur. »

M. de Jesselin, à Vidalu (Corrèze), dit que, malgré un temps défavorable, ses panais ont bien réussi. Les chevaux les mangent avec avidité.

M. Hévin, agriculteur dans l'Ille-et-Vilaine, a eu une excellente récolte dans une terre en mauvais état ; ses chevaux mangent très-bien le panais.

M. Champeau, à Moulins (Allier), dit que le « panais remplacerait avantageusement la carotte et lui est supérieur de beaucoup en qualité. Le lait de sa vache est plus jaune et elle a pris de l'embonpoint. » Il pense que c'est un bon aliment d'engrais.

M. J. Cuisenier, vigneron à Saquenay (Côte-d'Or), a récolté 1,200 kilos sur quatre ares, répondant à 30,000 kilos par hectare. Des voisins à qui il a distribué des graines sont également satisfaits. Il se promet d'en avoir tous les ans et de conseiller cette culture à ses amis.

Le comice de Seurre, dans le même département, dit que les essais ont pleinement réussi dans toutes les sortes de terrains, mais surtout dans les terres légères.

Mme veuve Moras, à Lons-le-Saulnier, a eu des panais magnifiques. — M. A. Thierry, à Bétancourt (Haute-Marne), a exposé au concours de Jussey des racines qui ont été admirées par tous les cultivateurs. — M. Barroux, à Mercoire (Lozère), est enchanté de cette culture ; il en fera tous les ans une forte récolte. — M. le comte de T. (Yonne), M. Simonnet-Genot, à Sarry, même département, disent que le panais est préférable à la carotte ; il est plus nourrissant et plus sain.

M. Cotte, à Villecroze, est enchanté ; il donnera une grande extension à la culture du panais.

M. de Blanhac, juge à Civray (Vienne), a fait des expériences sur le panais et la carotte ; à tous les points de vue, il donne la suprématie au panais.

M. le vicomte Ch. Le Jeans, à Marseille, dit que dans ses propriétés du Bourbonnais il cultivera le panais sur une large échelle.

M. Ferry, notaire à Allarmont (Vosges), a obtenu des panais longs de 40 centimètres et ayant 30 centimètres de circonférence.

Au Jardin d'acclimation du bois de Boulogne, un carré

de 152 mètres a produit 700 kilos, ce qui répond à 45,000 kilos à l'hectare. Comme aliment, le panais est supérieur à toutes les racines fourragères.

Dans la Lozère, M. Ledoux dit que le panais sera une ressource inappréciable dans les cantons de Meyrueis et de Florac pour nourrir le bétail en hiver ; qu'il engraisse le porc moitié plus vite que la pomme de terre, comme l'avait déjà remarqué M. Victor Chatel. On leur donne quatre repas par jour de panais coupés et cuits, chaque ration de 4 kilog. ; deux repas de panais suffisent pour les chevaux et les bêtes bovines. Pour les moutons, il suffit de deux rations de 1 kilog. de panais crus. M. Chatel, dit M. Ledoux, est parfaitement dans le vrai en affirmant que le « panais est la première des » plantes racines pour la nourriture et l'engraissement. »

MM. Rousseau, à Clermont-Ferrand, et le docteur Paros, à Pont-du-Château (Puy-de-Dôme), accusent de beaux rendements.

A la propriété de Maury, près Limoges, appartenant à M. Paulin Talabot, le cocher a constaté que les chevaux qui mangent du panais sont magnifiques, bien que leur ration d'avoine eût été diminuée de moitié. Les porcs engraissés au panais sont gras en peu de temps et ont une chair excellente. La récolte a été très-abondante. Le lait des vaches est abondant et crémeux.

M. Gougibus, jardinier de M. Talabot, déclare que le panais est la plus précieuse conquête de la culture fourragère. Il affirme que dans un terrain bien préparé on peut obtenir 7 kilog. 1/2 de racines par mètre superficiel, ce qui donnerait 75,000 kilogr. à l'hectare, et peut-être des sélections successives pourraient-elles élever le rendement plus haut encore.

M. Gougibus ne doute pas que le panais ne devienne, avant six ans, une des cultures les plus recherchées dans toute la France.

Depuis le 1er janvier, d'autres témoignages sont venus corroborer ceux que nous venons de relater. M. Eug. Percheron, vétérinaire à Paris et agriculteur dans le Loiret, affirme aussi que le panais rend plus que la carotte et lui est supérieur en qualité comme nourriture.

M. Caux-Régimbard, à Moliens (Oise), a semé carottes et panais en même temps. Les premières ont manqué, l'humidité les a tuées; les autres étaient trop drus. « Le panais, dit-il, cuit plus vite que la carotte. Les vaches le mangent bien ; leur lait est plus abondant et plus crémeux. »

M. Derbord, régisseur de M. Gaudin, député de la Haie-Fouassière (Loire-Inférieure), a récolté 71,000 kilog. à l'hect.; ses betteraves n'en avaient produit que 62,000. Il a constaté que les vaches et les porcs à l'engrais tirent un excellent parti de cet aliment; et puis le panais, dit M. Derbord, se conserve mieux que la pomme de terre.

Mme Rousseau, près de Senlis (Oise), a nourri, pendant quinze jours, deux chevaux avec les panais récoltés sur deux ares, et sans avoine; les chevaux s'en sont bien trouvés, les porcs en profitent également. Un fermier voisin étendra désormais ses cultures de panais et diminuera celles des pommes de terre.

M. H. Mathieu, à Blaisy-Bas (Côte-d'Or), a récolté des panais mesurant de 40 à 47 centimètres de circonférence au collet, quelques-uns avaient plus de 50 centimètres de long. Un porc engraissé avec le panais et la farine d'orge avait une chair très-délicate. Les colimaçons ont détruit ses carottes et n'ont pas touché aux panais.

M. F. Isselin, aux Goules, même département, écrit qu'il est très-satisfait de sa récolte. Ses chevaux après avoir un peu hésité, ont fini par manger le panais et en sont devenus très-avides.

M. Pierre Souvé, maire de Creyers, canton de Châtillon (Drôme), dit qu'il a obtenu « une récolte parfaite. »

M. Breton, Joseph, fils, de Juvaincourt, près Mirecourt (Vosges), accuse un rendement de 45,000 kilog. à l'hectare, dans une terre noire, plutôt légère que forte (bonne terre à blé). « Les vaches et les cochons le mangent bien ; les vaches donnent un lait plus butyreux, plus abondant et d'un meilleur goût que par le passé. Le panais revient à meilleur marché que les pommes de terre pour les porcs et truies à l'engrais, qui le mangent très-bien cru. »

M. Durand, Auguste, de Vouxey, près Châtenay (même département), constate également que les vaches et les porcs mangent très-bien le panais.

M. James Verny, de Saint-Didier-sous-Aubenas (Ardèche), a obtenu une assez bonne récolte, malgré la nature caillouteuse et sablonneuse du terrain, et aussi malgré la sécheresse. « Les porcs, ajoute-t-il, et surtout les vaches, mangent très-bien le panais. »

M. J. Maugère, chef d'escadron d'artillerie, en retraite, à la Poterie, en Saint-Hélier, près Rennes (Ille-et-Vilaine), a eu des panais mesurant de 35 à 50 centimètres de circonférence au collet, de 30 à 36 centimètres de longueur, et pesant de 1 kilog. 1/2 à 2 kilog. « Ma jument, dit-il, forte bretonne, mange du panais depuis plusieurs semaines ; elle en est friande et se trouve très-bien de ce régime. »

M. Loiseleur, de Rennes, même département, a obtenu (nous rapportons ses propres expressions, comme nous le faisons le plus souvent) « un résultat admirable. »

Mme veuve Baron, propriétaire aussi dans Ille-et-Vilaine (c'est ce département qui nous a fourni les plus nombreuses indications), annonce qu'un premier essai de son fermier a parfaitement réussi, bien que tout d'abord des voisins ne lui aient ménagé ni les railleries, ni les prédictions fâcheuses.

M. le comte R. des Nétumières, des environs de Vitré, toujours Ille-et-Vilaine, accuse une très-belle récolte.

M. Thorel-Valéry, de Bachimont (Pas-de-Calais), dit : « Nous en donnons aux vaches et aux cochons, cela leur va très-bien ; c'est une très-bonne nourriture... Les panais sont meilleurs que les betteraves. »

M. Fournier, de Balâtre (Somme), a obtenu 40,000 kilog. à l'hectare, de panais mesurant de 25 à 30 centimètres au collet. — « Le panais, ajoute M. Fournier, a beaucoup d'avantages sur la carotte ; il se conserve bien, tandis que la carotte ne tarde pas à pourrir quand elle est un peu humide. Mes chevaux le mangent très-bien ; leur poil est plus lisse ; pour les porcs, je fais cuire la racine et je la mélange avec un peu de recoupe. Le panais, dans ce dernier cas surtout, l'emporte de beaucoup sur la pomme de terre. Le résultat est très-satisfaisant. Les lapins en mangent avec avidité. »

M. Dutrieux, docteur à Caudry, près Cambrai (Nord), s'exprime ainsi : « J'ai partagé la graine que vous m'avez envoyée avec trois cultivateurs, conservant le dernier quart pour moi. Nous avons eu tous une bonne récolte, qui a parfaitement résisté à la gelée. Ma petite récolte était destinée à des lapins qui la mangent très-volontiers. »

M. Séjournant, de la Côte-d'Or, a obtenu des panais

très-gros et très-beaux dans un terrain sablonneux mélangé de terre noire.

M. l'économe de l'Asile national de Vincennes (Seine), placé sous la dépendance directe du ministère de l'intérieur, écrit : « Notre premier essai nous a donné, au double point de vue de la récolte et de la nourriture de nos animaux, des résultats si satisfaisants que nous sommes fort désireux de continuer cette culture. »

M. Lochou écrit de Huelgoat (partie du Finistère où le panais est peu connu) qu'il en a obtenu qui avaient une grosseur énorme, avec 30 centimètres et plus de longueur. « J'ai suivi votre procédé, ajoute M. Lochou, et j'ai réussi à merveille : si cela continue, je ne pourrai, l'année prochaine, vous remercier assez. »

M. Mongel, Pierre, de Chéniménil (Vosges), déclare qu'il a récolté beaucoup plus qu'il n'espérait et que ses panais sont d'une bonté exquise, bien préférables à la betterave. Il en a exposé quelques-uns au Comice agricole de Bains, ce qui lui a valu une mention honorable. Il a donné lui-même de la graine à plusieurs cultivateurs, qui ont fort apprécié ce cadeau.

M. V. Cotte, de Villecroze (Basses-Alpes), nous signale un fait tout particulier et bien intéressant. Là, ce ne sont pas les animaux domestiques qui mangent les panais, ou du moins qui en mangent le plus, mais bien la population, et non pas comme aliment ordinaire, ais comme « régal » — telle est l'expression qu'emploie M. Cotte. Il ajoute : « Pour les fêtes de Noël, j'en ai fourni à tout le village de Villecroze, et le marché de Draguignan m'en a demandée des *charretées.* » Dans une note adressée au *Journal d'Agriculture* de M. Barral, M. E. Rives avait déjà dit « qu'une soupe de panais n'est pas à dédaigner. » L'idée se développe, comme on voit, et le panais de Bretagne que propage M. Le Bian tend à devenir une plante culinaire de premier ordre après avoir été proclamé la première des racines fourragères.

M. Jarry, de Redon, « m'adresse des remerciements de la part de plusieurs personnes à qui il avait distribué de la graine de panais, et qui, toutes, ont été très-satisfaites des résultats obtenus. »

M. Prud'homme, instituteur à Marthemont (Meurthe-et-Moselle), m'annonce que « MM. Messin père et fils, de Lorey et de Marthemont, ont été très-satisfaits du rendement des panais qu'ils ont recoltés. »

M. Sauvageau-Grand-Beau, cultivateur à Collan, près Tonnerre, annonce également « qu'il a eu une récolte magnifique de panais, malgré la saison qui n'a pas été très-favorable pour les légumes; il pense aussi qu'il a fait les semailles un peu tard. Malgré cela, il voit que le panais est de beaucoup supérieur à la betterave. »

M. Martinet Bonnaire, propriétaire à Remaucourt (Ardennes), m'est très-reconnaissant de la graine que je lui ai envoyée l'année dernière. « Il a récolté des panais magnifiques. »

M. Bernardin, cultivateur à Marthemont (Meurthe-et-Moselle), m'adresse aussi des remerciements au sujet de sa récolte de panais.

M. Desmoulins, de Saint-Honoré (Isère), m'annonce que « malgré la grêle et la sécheresse, il a eu une très-belle récolte de panais », et qu'il a l'intention d'en continuer la culture.

M. de la Baucharouge, de Rennes (Ille-et-Vilaine), m'adresse des remerciements et dit « que, malgré le retard qu'il a eu dans le semis de la graine de panais, il a été satisfait du rendement qu'il a obtenu. » Il m'annonce également qu'il va continuer la culture de cette plante fourragère.

M. Léon Pépin Lehalleur, de Nancy (Cher), dit : « Je suis positivement enchanté des panais, mes vaches les mangent avec avidité et leur lait est excellent ; le beurre se ressent aussi de la qualité de cette nourriture. Les panais vont, pour moi, remplacer les betteraves et les carottes. Je n'en avais pas assez pour en faire manger aux chevaux, mais j'ai pu constater qu'ils les mangeaient avec plaisir. » Il établit aussi la supériorité des panais de Bretagne sur ceux dits de Jersey, qu'il avait ensemencés également.

M. le docteur Sauvé, de La Rochelle (Charente-Inférieure), écrit : « Ces graines ont parfaitement germé et levé, mais elles se sont peu développées pendant l'été, ce que j'ai attribué d'une part à la séchereese et de l'autre au défaut de culture. J'en ai encore beaucoup en terre. Les chevaux et les vaches les mangent avec avidité. »

M. J. Retaillau, à la Colette (Maine-et-Loire), a ensemencé dans un verger qu'il avait fait disposer à cet effet (terre argileuse et compacte) ; il a obtenu, malgré cela, de beaux panais mesurant 22 centimètres de circonférence au collet et 45 de longueur, et un rendement de 280 kilos à l'are, ce qui donnérait 28,000 kilos par hectare.

M. Rochet des Jouvance, de Brécé (Mayenne), annonce qu'ayant ensemencé de la graine de panais dans quatre terres différentes, ils ont partout parfaitement réussi.

M. Anatole Chardin, de Gathemo (Manche), annonce également qu'il a eu de très-beaux panais et en grande quantité.

M. F. Jonquéres, maire à la Villanlonque (Pyrénées-Orientales), dit : « Malgré l'extrème sécheresse qui a régné cette année, le panais est bien venu et promet de bons résultats. »

M. Jean Prime, à Martigné (Ille-et-Vilaine), a été très-content de la récolte de panais « qui a réussi, dit-il, au-delà de ses espérances. »

M. Martin-Duval fils, de Fécamp (Seine-Inférieure), a récolté environ 100 hectolitres de panais sur une superficie de 2,000 mètres environ, ce qui représenterait un rendement de 25,000 kilog. à l'hectare. Il pense que le semis, ayant été fait par un temps sec, lui a été très-défavorable.

M. Filipowiez, médecin à Langon (Ille-et-Vilaine), est très-satisfait des résultats qu'il a obtenus dans des terres tout-à-fait défavorables à la culture du panais.

M. Gérard, instituteur à Coudroy (Loiret), considère le panais comme plante potagère et surtout fourragère, car elle convient admirablement à la nourriture des animaux domestiques. Il ajoute avoir laissé ses panais passer l'hiver en terre et ils se sont bien conservés.

M. A. Dubois, à Essertaux (Somme), se déclare satisfait de sa première récolte.

M. Brayer, au Fourcheret de Villeneuve-sur-Belley (Seine-et-Marne), dit : « Le résultat a été très-satisfaisant ; j'ai récolté, dans 1 are 50 centiares, 600 kilog. de panais, que j'ai fait manger à mes vaches, qui préféraient cette nourriture à tout autre. » 600 kilog. de panais, pour 1 are 50 centiares représenteraient un rendement de 40,000 kilogrammes à l'hectare.

M. Rousseau, propriétaire à Ramonès (Nord), annonce qu'ayant fait le semis très-tard à cause des pluies continuelles jusqu'en mai, les panais n'ont pris de végétation luxuriante qu'en août. « Je pense, dit-il, les avoir laissés trop épais et semés sur un terrain trop gras. J'ai 300 kilog. à l'are. Mes vaches en sont avides. J'estime cette racine fort nourrissante. »

M. Fouache Lesneur, cultivateur à Belloy-sur-Somme (Somme), dit : « J'ai parfaitement réussi dans la culture du panais ; j'en ai obtenu plusieurs qui pèsent de 1 kilog. à 1 kilog. 500. Mes chevaux les mangent très-bien ; les vaches auxquelles j'ai remplacé la betterave par le panais, donnent plus de lait. »

M. A. Beaulieu, de Vitré (Ille-et-Vilaine), est enchanté des résultats obtenus par la culture du panais.

M. Godeau, de la Buissière (Loiret), annonce que, malgré la grande sécheresse de l'année, il a une récolte de panais supérieure à ce qu'il pensait.

M. Lillette, maire de Craonnelle (Aisne), déclare avoir bien réussi. « Les chevaux, dit-il, en sont très-friands. »

M. Ronessard, recteur de Goulven (Ille-et-Vilaine), écrit : « Les panais ont parfaitement réussi et m'ont rendu de grands services, principalement pour l'engraissement d'un porc, et ensuite pour les vaches laitières. »

M. Trogneux, instituteur à Wavains (Pas-de-Calais), a obtenu des résultats magnifiques et il constate la valeur nutritive de cette racine.

M. Pallart de Lebucquière, d'Amiens (Somme), dit : « La graine de panais, semée dans un terrain compact et humide, a réussi et s'est bien conservée en terre pendant l'hiver. Je m'en suis servi avantageusement pour l'engraissement des porcs. »

M. Delimoges, de Seurre (Côte-d'Or), annonce que cette culture a parfaitement réussi comme rendement dans la Saône. Aujourd'hui les chevaux mangent le panais avec appétit et s'en trouvent bien.

M. Le Bastard de Villeneuve, de Guignen (Ille-et-Vilaine), trouve le panais, comme nourriture, préférable aux carottes, et il ajoute : « Ayant sémé de la graine de panais et de carottes dans un même terrain égal, j'ai obtenu un tiers de plus de panais que de carottes ; aussi je suis très-satisfait de cette racine fourragère. »

M. J. Breton fils, de Juvaincourt (Vosges), a obtenu de très-bons résultats. Il a laissé, dit-il, les panais passer l'hiver en terre : ils y ont encore grossi et résisteront parfaitement à l'action du froid.

M. Favre, maire de Bramans (Savoie), nous fait savoir que la culture du panais a bien réussi dans le pays, climat assez froid et situé à deux heures de marche pour arriver au pied du Mont-Cenis : « Les panais, ajoute-t-il, résistent au froid de l'hiver. J'en ai encore qui sont sous la neige. »

M. Gerbault, maire de Saint-Germain-le-Guillaume (Mayenne), annonce qu'il a eu une récolte magnifique. Et il ajoute : « J'ai donné des panais à mes bestiaux ainsi qu'à mes chevaux. Cette nourriture est mangée avec appétit, engraisse on ne peut mieux et donne beaucoup de vigueur aux animaux. »

M. J.-B. Blaise, propriétaire à Choloy (Meurthe-et-Moselle), annonce que le panais a parfaitement réussi et que le rendement est excellent.

De la Bâtie-Montsaléon (Hautes-Alpes), M. Ferrier, J., écrit : Je ne puis que vous donner de très-bons renseignements sur cette plante, elle a très-bien réussi ; il y en avait qui dépassaient 30 centimètres de circonférence au collet, et les moyens atteignaient 25 centimètres. »

M. Defuque, à Saint-Aubin, Montenoy (Somme), dit : « Malgré la sécheresse, j'ai eu une jolie récolte ; les bestiaux mangent le panais très-bien et cette nourriture produit un très-bon effet. »

M. Émile Mathieu, cultivateur à Collan (Yonne), est très-satisfait de sa récolte de panais..

M. E. Robert, maire de Saint-Carné, près Dinan, a obtenu un excellent résultat.

M. Bruno, à l'Étanne (Ardennes), écrit : « J'ai fait l'essai de la culture du panais ainsi que plusieurs autres personnes à qui j'avais remis de la graine ; les résultats que nous avons obtenus sont très-satisfaisants. »

M. Cyrille Fouet, propriétaire à Saint-Martin-aux-Chartrains (Calvados), écrit aussi : « Ayant semé un petit carré dans mon jardin, j'ai obtenu une récolte magnifique; le panais comme légume, communique au pot-au-feu un goût très-agréable; comme aliment, on le mange avec plaisir. Les lapins et les porcs se sont montrés bien friands de cette nourriture. »

M. J. Vauprés, maire de Saint Briec-sous-Avranches, dit : « La récolte que j'ai faite a été abondante, la plus grande quantité était belle, et j'ai remarqué plusieurs panais qui avaient 33 centimètres de circonférence au collet, sur 40 de long. J'avais distribué de la graine à plusieurs de mes amis qui tous ont été très-satisfaits de leur récolte. »

M. Naides, maire à Bouvillers (Vosges), dit : Le rapport que j'ai obtenu est incroyable, il s'élèverait à 70,000 kilog. par hectare ; j'avais des panais qui mesuraient une longueur de 92 centimètres. Le terrain dans lequel j'ai fait le semis était en très-bon état, c'est un pré que j'ai mis en culture voici quatre ans, et une terre très-légère. Les pluies continuelles des mois de mai et de juin n'ont pas permis de leur donner la culture nécessaire. »

M. Mathieu, maire de Collan (Yonne), nous écrit : « J'ai semé la graine de panais vers le 10 avril, dans un terrain gras et argileux. Le temps sec qu'il faisait à cette époque a rendu la levure assez difficile ; malgré cela, j'ai récolté d'assez beaux panais. Aucune autre racine, ajoute-t-il, n'aurait mieux réussi chez nous l'année dernière. »

M. C. Cordel, propriétaire et géomètre à Argentine (Savoie), a eu une très-belle récolte de panais et très-avantageuse.

M. J.-B. Delaulle, de Villers-Vauday (Haute-Saône), dit : « J'ai été bien content de ma culture de panais et des avantages qu'on peut tirer de cette racine comme nourriture ; aussi je l'apprécie et en conçois une grande estime pour l'avenir. »

M. Fabre, Louis, de Bellecour (Vaucluse), dit que sa récolte a très-bien réussi et que les bestiaux mangent le panais avec avidité.

Mme L. Jarret de la Mairie, d'Angers, a eu aussi une bonne récolte de panais. Elle a engraissé, dit-elle, un porc, et elle en donne maintenant aux vaches laitières.

M. L.-A. Sœurs, de Gray (Haute-Saône), a été très-satisfait de sa récolte de panais.

M. Mignard, administrateur du *Nord-Est*, a également obtenu un très-bon résultat dans la culture du panais amélioré. Il emploie ce légume dans sa consommation journalière et, le laissant en terre, l'arrache au fur et à mesure de ses besoins.

M. Wagner, secrétaire-général de la Société d'agriculture de la Basse-Alsace, à Neudorf, près Strasbourg, nous écrit : « Ayant eu de la graine de panais de M. Ch. Baltet, de Troyes (envoi de M. Le Bian), j'ai pu essayer la culture du panais amélioré, essai dont j'ai rendu compte à la Société des sciences, agriculture et arts de la Basse-Alsace, ainsi qu'à la Société d'horticulture. J'ai également fourni un petit article au journal le *Nord-Est.* » En voici un extrait. « Je crois pouvoir affirmer que le panais amélioré constitue une plante à recommander et à propager ; les vaches laitières sont friandes des racines crues ou cuites, et les feuilles mêmes sont mangées avec avidité. Quant à l'influence que les racines exercent sur la production du lait, je n'oserais rien affirmer, la quantité de racines dont j'ai pu disposer ayant été trop minime. Mais, ce que je dois ajouter, c'est que les racines de panais donnent un très-bon goût au pot-au-feu, et méritent une petite place dans le potager. »

L'enquête, on le voit, est concluante, et il en résulte que le panais est appelé à un grand rôle dans les cultures fourragères sur tout le territoire français, puisque nous voyons les cultivateurs de la région méditerranéenne exprimer une satisfaction aussi complète que ceux des Vosges, de l'Oise, du Poitou, du Jura, du centre, etc.

Nous espérons que tous les praticiens qui lisent la *Gazette des Campagne,* feront leur profit d'une expérience aussi encourageante.

Le moment est propice ; il faut préparer la terre d'avance. Les terres à sol frais et léger sont les meilleures ; mais, avec des soins et des engrais à base de phosphate, le Panais vient partout, surtout avec de la graine de bonne qualité et de la dernière récolte. Notons bien ce dernier point. Le Panais, sur tous les autres points, se cultive comme la carotte, qui est de la même famille.

(Gazette des Campagnes.)

Je terminerai ici les 105 rapports qui, à partir de ce jour, me sont parvenus de 48 départements sur la culture du Panais, lesquels démontrent pleinement la réussite de cette plante fourragère, et cela dans des terres et sous des climats tout-à-fait différents.

J'ai reçu 1,250 demandes de graines de Panais, depuis le 1er janvier jusqu'au 30 avril de cette année 1878, et 3,308 autres demandes, de janvier 1879 au 15 avril 1883, auxquelles j'ai répondu en expédiant gratis et à domicile :

1° Une brochure traitant de la culture du Panais comme plante fourragère ;

2° De trois cents grammes à un et deux kilogrammes de graines de Panais par demande.

Ce nombre de 1,250 demandes s'étend à tous les départements de la France.

En 1877, j'avais déjà expédié de la graine de Panais à 800 personnes.

En 1878, j'en ai expédié à 1,250 ; je constate donc avec plaisir une augmentation de 450 sur l'année 1877.

En 1877, j'avais reçu 105 rapports qui constataient la réussite du Panais dans 48 de nos départements.

En 1878, j'ai reçu de nouveaux rapports, ainsi qu'en 1880, qui sont venus compléter et confirmer la réussite de cette plante pour tous les autres départements de la France.

J'ai aussi expédié la brochure et la graine de Panais à l'étranger dans les mêmes conditions.

Brest, le 30 Avril 1883.

CULTURE DU PANAIS

EN 1878

ENQUÊTE DE M. LE BIAN

M. Le Bian a distribué de la graine de panais, au commencement de l'année dernière, à 1,250 cultivateurs qui lui en avaient demandé par écrit. Au 15 mars 1879, il a déjà reçu 1,200 demandes nouvelles, avec 200 rapports (ce ne sont que les premiers — il en arrive tous les jours) qui lui font connaître les résultats fournis par cette culture dans la dernière campagne agricole (1878). Ces rapports sont unanimement satisfaisants, et leurs auteurs se montrent tous enchantés de la réussite. On comprendra qu'en présence de cette unanimité, M. Le Bian se croit autorisé à ne pas les reproduire à la suite les uns des autres, mais se borne à les résumer de la manière suivante :

Les graines envoyées par M. Le Bian, quoique semées un peu tard cette année (1878), à cause de la continuité des pluies au commencement du printemps, ont parfaitement levé et les plantes se sont rapidement développées. Le rendement est partout évalué à 40, 50, 60,000 kilogrammes à l'hectare; plusieurs rapports donnent des chiffres encore plus élevés, mais nous nous contentons de prendre une moyenne. On a obtenu des racines dont la circonférence varie de 30 à 40 centimètres au collet et la longueur de 40 à 50. Dans la comparaison qu'ils établissent entre le panais d'un côté, la carotte et la betterave de l'autre, les cultivateurs accordent la préférence au panais, tant comme qualité de produit que comme qualité de nourriture. Tous sont unanimes pour constater :

1° Que les vaches aiment beaucoup le panais, et que cette racine augmente notablement la quantité et la qualité de leur lait ;

2° Que les porcs nourris au panais engraissent beaucoup plus rapidement et à beaucoup moins de frais que nourris avec des pommes de terre ;

3° Que les chevaux ne mangent pas le panais avec moins d'avidité que les vaches et les porcs, et que, comme ces derniers, ils s'en trouvent à merveille.

En adressant leurs très-sincères remerciements à M. Le Bian, la plupart des cultivateurs qui ont reçu de la graine les années précédente en demandent cette année encore ; leurs demandes recevront satisfaction cette fois comme par le passé.

M. Le Bian a reçu de M. Gallas, secrétaire particulier de M. Paulin Talabot, qui possède de grandes propriétés aux environs de Limoges, une lettre exposant les résultats donnés sur ces propriétés et d'autres voisines par la graine de panais envoyée par lui et semée en avril 1878. Nous empruntons à cette lettre le passage suivant, qui offre un intérêt particulier au point de vue de la culture et du rendement de cette racine fourragère :

« Le régisseur du domaine de Maury, M. Henri Delhoume, a obtenu, en grande culture, les résultats suivants, sur un terrain d'une contenance de 50 ares, ayant reçu deux forts labours et hersage, et un troisième labour pour enterrer le fumier, qui était exclusivement composé de boues de ville ou ordures.

» La graine de panais a été semée en avril, en rayons espacés de 0 m. 75 de largeur. Le premier binage à la houe a été donné dans les premiers jours de juin; le plant a été éclairci en même temps et espacé dans le rayon où la ligne a 0 m. 50 ; deux autres binages ont été donnés en juin et juillet, pour permettre aux feuilles de garnir complétement et empêcher ainsi la pousse des mauvaises herbes.

» Le terrain, contenant, comme il a été dit plus haut, 50 ares, comprenait 156 rayons ou lignes ; deux rangs viennent d'être arrachés et ont donné 245 kilog., soit pour les 156 lignes et pour 50 ares, 38,220 kilog., ou 76,440 kilog. à l'hectare. Les panais pèsent en moyenne 2 kilog.

» L'arrachage des panais vient de commencer, et le régisseur constate que les bêtes bovines, notamment les taureaux, les préfèrent aux betteraves et aux topinambours.

» La culture du panais a également été essayée par les colons de deux propriétaires de la commune de Condat, et voici les renseignements qui me sont transmis par M. Henri Delhoume :

» Dans la propriété de M. Lamey, de la Chapelle, le colon Delhoume a semé 10 ares ; rendement, 9,000 kilog., poids moyen du panais, 3 kilog. 500 ; le colon Oliphat a semé 12 ares ; rendement, 9,500 kilog., poids moyen du panais, 3 kilog. Le colon Denis a semé 8 ares ; rendement, 7,500 kilog., poids moyen du panais, 2 kilog. 500.

» Dans la propriété de M. Péconnet, le colon Gronger a semé 11 ares ; rendement, 8,500 kilog., poids moyen du panais, 2 kilog. 500. Le concierge Allians a semé dans le jardin 2 ares ; rendement, 200 kilog., poids moyen du panais, 4 kilog. »

De son côté, M. Delimoges, président du Comice agricole de Seurre (Côte-d'Or), écrit à M. Le Bian :

« Les renseignements que j'ai recueillis, ainsi que ma pratique personnelle, me permettent de vous affirmer que les résultats sont magnifiques comme rendement, surtout dans les terres un peu sablonneuses ; dans les terres argileuses, le rendement a été un peu moins considérable, quoique très-rémunérateur.

» L'an dernier, mes chevaux mordaient difficilement au panais ; cette année, toute répugnance a disparu, et c'est avec avidité et profit qu'ils en mangent. »

Enfin (il faut borner les citations), le directeur de l'Asile national de Vincennes écrit aussi, en date du 30 janvier 1879 :

« Notre récolte de panais est très-belle ; les racines sont magnifiques et savoureuses ; une grande partie est encore en terre et n'a pas souffert de la rigueur de la saison. Les animaux (chevaux et vaches), mangent ces panais avec avidité et leur santé générale s'en trouve très-bien ; les vaches donnent d'excellent lait et en quantité.

» Nous avons recueilli, selon vos instructions, avec nos porte-graines, une quantité de semence suffisante et au-delà pour nos besoins de l'année. »

P.-S.— La Société des Agriculteurs de France a décerné une médaille d'or à M. Le Bian, pour reconnaître les services qu'il a rendus à l'agriculture, en propageant cette précieuse racine, aux prix des plus généreux sacrifices.

(Extrait de la Gazette des Campagnes.)

« La culture du panais, fort ancienne assurément, dans une petite région du Finistère, où bon an mal an, elle donne en racines une récole de plus de 40 millions de kilogrammes, ancienne aussi dans les jardins d'une grande partie de la France, n'est pourtant pas encore sortie de là pour aller occuper une place vide en bien des points du territoire sur lesquels, en prospérant, elle accroîtrait dans une notable mesure, dans une mesure nécessaire aussi, l'approvisionnement fourrager à l'usage du bétail.

» Cela étant, on pouvait supposer que par tous seraient bien accueillis, voire encouragés, les très-louables efforts de propagation tentés à ses frais, avec un désintéressement dont il y a peu d'exemples, par M. Le Bian, qui vient se placer à côté de Parmentier parmi les hommes utiles, sans espoir d'autre récompense que la satisfaction de faire le bien, que la conscience de l'avoir fait sans qu'il en ait rien coûté à personne, sans avoir fait courir le moindre risque à autrui.

» Eug. GAYOT. »

(Extrait du Journal d'Agriculture pratique.)

M. Le Bian fait l'histoire du panais, d'après les auteurs les plus anciens jusqu'à nos jours. Tous ces auteurs constatent les précieuses qualités de la pauvre plante qui attendait que son jour fût venu de prendre, dans la culture du dix-neuvième siècle, le haut rang qui lui appartient à si juste titre.

Elle attendait, patiente et résignée, que l'on reconnût, avec le rang qu'elle doit occuper, l'honneur de nous rendre les services qu'elle nous apportera d'après les décrets de la Providence.

Son heure est venue, M. Le Bian est son apôtre. — C'est un apôtre fervent, écouté. M. Le Bian connaît les besoins de l'agriculture du dix-neuvième siècle et il nous offre, dans le panais, une plante utile, nécessaire, que dis-je, presque *indispensable* à nos besoins. Le panais est la nourriture du bétail à meilleur marché. Elle donne le lait, le beurre, le lard, le bœuf, le mouton, à bas prix. Le panais permet de nourrir un plus grand nombre de chevaux et d'obtenir plus de travail et à moins de frais. Le panais est utile pour faire, avec toute viande, des ragoûts délicieux et des pots-au-feu excellents. A cet effet, il est vendu dans tous les marchés des grands centres de populations. Cette racine contient 12 0/0 de sucre ; on peut en retirer de l'eau-de-vie. Est-ce donc à tort que M. Le Bian s'est fait le propagateur de cette plante, si utile, si précieuse, si nécessaire ?

M. Le Bian a la foi d'un apôtre, l'ardeur d'un apôtre, le dévouement d'un apôtre, je n'exagère pas. Il distribue *gratuitement* des brochures sur la culture du panais, et des graines de cette plante, qui rend des services et par ses racines et par ses tiges ; il fait ces distributions en France et à l'étranger.

J'ai eu l'honneur de lui écrire, il y a quelques jours, qu'il était un bienfaiteur de l'humanité ; ce nom ne doit-il pas appartenir à celui qui se dévoue à ses progrès, à son bonheur ? Je tiens pour bienfaiteur de l'humanité quiconque fait croître un brin d'herbe où il n'en croissait pas, quiconque fait accroître la production du sol sans accroître les dépenses et les labeurs du cultivateur.

Tout justifie, M. Le Bian, ce nom qui vous sera donné un jour.

Dans un autre ordre d'idées, au point de vue moral et politique, j'ajouterai qu'il n'y a d'utile, de nécessaire, d'indispensable au bonheur des nations, que la propagation, la culture des vrais principes, dont les fruits accroissent le fonds de la moralité des peuples et multiplient les bonnes actions.

Les propagateurs de ces principes, en morale et en politique, sont, au plus haut degré, des bienfaiteurs de l'humanité.   HERY.

(Extrait du journal l'Echo du Blanc.)

RAPPORTS

SUR

SUR LA RÉCOLTE 1879-1880

MARNE.— M. Conti Galichet, à Ste-Ménéhould (Marne), nous dit que, bien qu'il ait semé la graine de panais très-tard, il a été très-satisfait de sa récolte, soit un rendement de 25,000 kilos à l'hectare. Les chevaux mangent le panais très-bien.

VIENNE. — Mme Ve Dorvau, au Château de la Brière (Vienne), nous fait savoir que sa récolte de panais a si bien réussi qu'elle me prie de lui envoyer encore un ou deux kilos de graines pour distribuer aux personnes de sa connaissance.

AVEYRON.— M. Malaval, Joseph, à Millau (Aveyron), a eu une très-belle récolte de panais; il y en avait, dit-il, qui pesaient jusqu'à 4 kilogrammes. Les porcs, les vaches et les lapins se trouvent bien de cette nourriture.

A la Palousie (Aveyron), M. Pouget, François, a été très-satisfait de sa récolte; il a eu des panais magnifiques.

SARTHE. — M. Fouin-Bénéche, au Lude (Sarthe), a parfaitement réussi ; il a récolté des panais pesant depuis 1 kilog. jusqu'à 2 kilog. 500. Ayant semé dans un même terrain, à égale quantité, des carottes blanches et des panais, il a obtenu de ces derniers une récolte double des premières. Aussi, dit-il, je donnerai la préférence à la racine bretonne.

INDRE-ET-LOIRE. — A Saint-Patrice (Indre-et-Loire), M. Carré-Hérault a récolté 7 kilog. 500 de panais par mètre carré, dans un terrain siliceux, soit un rendement de 75,000 kilog. à l'hectare. Ces racines mesuraient au collet 0 m. 30 de circonférence et 0 m. 40 de longueur.

CÔTE-D'OR. — M. Durand, Antoine, à la ferme de Beaugey (Côte-d'Or), a été très-content du rendement de sa récolte de panais, il y en avait qui mesuraient 0 m. 30 au collet ; il en a donné aux porcs et aux moutons, qui se sont bien trouvés de cette nourriture.

Lot. — M. Bernard Laplace, à Vaillac (Lot), nous dit que, malgré la sécheresse, il a eu de très-beau panais. Les agneaux les mangent avec avidité.

Haute-Marne. — A Voisey (Haute-Marne), M. Béguinet a récolté des panais de 0 m. 15 de diamètre au collet et de 0 m. 40 et plus de longueur. Comme racine potagère, le panais est excellent, et comme fourragère, il est encore meilleur.

Vosges. — M. Demaugeon fils, à Mossou (Vosges), dit que, malgré que l'année a été mauvaise, il a eu une très-bonne récolte de panais.

Vosges. — M. Large, Nicolas, à St-Didier, reconnaît que le panais peut être classé comme racine fourragère et racine potagère, car, à la soupe et en friture, elle n'est pas à dédaigner. Son bétail les mange avec avidité.

Vendée. — M. Baraud, curé à Triaize (Vendée), donne quelques détails de sa culture de panais. Il a premièrement semé sa graine en rayons qui n'a pas bien réussi, mais ayant aussi semé à la volée, les panais se sont trouvés tellement épais qu'il a fallu les éclaircir par deux fois et sa récolte a parfaitement réussi.

Le sol dans lequel il avait fait sa semence, nous dit-il, est d'une nature toute particulière. Situé sur les bords de l'Océan, il ne présente à sa surface qu'une épaisseur de dix à douze pouces de terre labourable que la mer recouvrait autrefois. Au-dessous est un banc de calcaire qui dessèche considérablement le terrain dès le printemps.

Un avantage des panais, c'est qu'ils sont utiles pour la cuisine comme pour l'étable.

« J'ai unevache difficile à nourrir, mais elle dévore les panais avec avidité. Mon cheval les mange avec autant de gourmandise que l'avoine. »

Une partie de sa récolte a passé tout l'hiver en terre, sans avoir aucunement souffert de la gelée et du verglas.

LANDES. — M. Demeux, curé à Levignacq-des-Landes (Landes), a fait sa semence dans un sol sablonneux et il a récolté des panais dont le poids moyen a été de 1 kilog., certains ont été jusqu'uà 2 kilog. 500. L'hiver, ils ont parfaitement résisté à toutes les gelées. Les vaches, dit-il, en ont très-bien mangé.

HÉRAULT. — M. Paillin-Hermet, propriétaire à Ganges (Hérault), nous écrit vers le mois de février et nous annonce qu'à cette époque il a encore les deux tiers de sa récolte en terre; il a obtenu des panais pesant 1 kilog. 600 et qu'il en a été très-satisfait vu le grand froid de l'hiver.

DORDOGNE. — M. Octave Molliné, propriétaire à Saint-Méard-de-Gurçon (Dordogne), nous annonce que le panais a parfaitement réussi et que sans cette racine il ne sait comment il aurait pourvu à la nourriture des porcs.

CÔTE-D'OR. — M. Brulard, à Frolois (Côte-d'Or), dit : « Je suis très-satisfait du rendement et de la qualité de vos panais; ils sont très-bons dans le potage, et le bétail s'en trouve parfaitement. »

ORNE. — M. A. Friquet, au Plantis (Orne), a été très-satisfait de sa récolte malgré le mauvais temps; il a obtenu des panais magnifiques.

BASSES-PYRÉNÉES. — M. Cléde, à Pau (Basses-Pyrénées), a récolté des racines mesurant 0 m. 50 de longueur et 0 m. 43 au collet. Les chevaux en ont mangé, dit-il, avec une avidité incroyable.

DRÔME. — M. Roux, receveur des postes à Suze-la-

Rousse (Drôme), nous écrit que son domestique souriait en le voyant semer de la graine de panais, et qu'aujourd'hui il l'engage à remplacer la culture de la carotte à collet vert par le panais, qui, à son avis, donne un plus grand produit que la carotte. Tous les bestiaux les mangent très-bien.

VIENNE. — M. Rondeau, jardinier au château de Loudésy (Vienne), n'avait semé qu'une petite quantité de graines de panais; il a obtenu une très-belle récolte et a nourri deux porcs pendant six semaines avec ces racines. Ces animaux pendant qu'ils en ont mangé, ont profité étonnamment de cette nourriture.

AUBE. — M. Lagogney, Léon, cultivateur à Eaux-Puiseaux (Aube), nous dit que sa récolte a parfaitement réussi, et que cette racine résiste parfaitement en terre aux plus grands froids.

CÔTE-D'OR. — A Jailly-les-Moulins (Côte-d'Or), M. André Lallemant a obtenu une bonne récolte qui correspond à 48,000 kilog. à l'hectare. Les chevaux, les vaches et les porcs mangent le panais avec avidité.

GIRONDE. — M. Ernest Loste, à Bordeaux (Gironde), a fait sa semence dans un terrain d'alluvion sur le bord de la Garonne. Le résultat a été magnifique comme rendement. Les vaches et porcs en sont avides.

DEUX-SÈVRES. — M. Eug. Caillaud, à Fontperron (Deux-Sèvres), nous écrit : La semence a été faite dans un terrain argilo-calcaire de profondeur moyenne, dans les premiers jours de mai et au milieu d'un champ planté de betteraves.

Tout l'été, les panais ont été remarquables par une vivacité de feuillages qui contrastait avec les feuilles jaunies des betteraves.

Le rendement correspondait à 50,000 kilogrammes à

l'hectare ; quelques panais mesuraient 45 centimètres de circonférence au collet.

Cette petite provision a été employée à l'engraissement d'une vache qui, sous l'influence de cette racine, a acquis un embonpoint très-prononcé et supérieur à ce qu'aurait pu produire, soient les betteraves, soient les topinambours.

Les panais résistent en terre aux plus grands froids.

Nord. — M. Baudet, instituteur à Eclaibes (Nord), nous dit : « La graine de panais semée dans un terrain léger un peu caillouteux, et renfermant assez bien des engrais, a donné une récolte évaluée de 50 à 65,000 kilogr. à l'hectare.

» Les panais nous servent d'aiments que nous trouvons excellents et les animaux en sont très-friands.

» Quoique l'hiver a été extrêmement rigoureux, ils se sont très-bien conservés en terre. »

Mayenne. — M. le vicomte d'Argouges, au château du Vallon (Mayenne), m'écrit : « L'expérience que j'ai faite ici, m'a donné des résultats tellement satisfaisants que je suis bien résolu à propager et à encourager de tout mon pouvoir la culture du panais dans la contrée que j'habite. »

Dordogne. — M. Martinot, vétérinaire à Faux, canton d'Issignac (Dordogne), a eu une belle récolte de panais, ils mesuraient en moyenne 60 centimètres de longueur et pesaient 2 kilog. 500.

Eure.— M. Boucher, à Neubourg (Eure), a récolté dans un terrain de 25 ares, 11,000 kilog. de panais. Les vaches et les porcs les mangent avec avidité.

Drôme. — M. Bruyère, à Crest (Drôme), m'écrit : « J'ai obtenu des récoltes proportionnelles de 40,000 kilog. à l'hectare dans un bon terrain et de 20,000 dans un fort mauvais dont je n'espérais absolument rien.

» D'autre part, tout le bétail, gros ou petit, se montre très-friand des panais ; et de leur emploi dans l'alimentation des vaches, moutons, etc., résulte un fort bon état de santé, source de bénéfice. »

MAYENNE. — M. Delaunay, trésorier du Comice agricole d'Ernée (Mayenne, dit : « Malgré une température détestable, j'ai obtenu un produit excellent et considérable. »

ARDENNES. — M. Liénard, instituteur à Adon (Ardennes), son beau-père, Landa-Milet, cultivateur à Fraillicourt, ont été satisfaits l'un et l'autre de leur récolte. « Le rendement, dit-il, a été de 25 à 30,000 kilogr. à l'hectare, quoique l'année n'a pas été favorable aux racines. Les bestiaux mangent les panais très-bien et semblent les préférer aux betteraves. »

ORNE. — M. Pierre Prébois, docteur à Messu (Orne), m'écrit : « Malgré l'année excessivement pluvieuse que nous venons d'avoir, mes panais sont venus assez beaux, 30 cent. de circonférence environ au collet. Notre vache est très-féconde et augmente de lait quand on lui donne de ces racines.

» La rigueur de l'hiver ne leur fait aucun mal. »

INDRE-ET-LOIRE. — M. Chassignol, à Saint-Benoit (Indre-et-Loire), a été bien satisfait de sa récolte. « Le panais, dit-il, est plus nourrissant que la betterave et surtout résiste aux plus grands froids. »

DRÔME. — M. Bonnet, propriétaire à Chambois (Drôme), me dit : « Ma récolte de panais a parfaitement réussi, malgré la mauvaise saison ; mes bestiaux les mangent très-bien, et le lait et le beurre sont de meilleure qualité.

» Les mulets ont premièrement refusé de les manger, mais aujourd'ui ils sont devenus très-gourmands, et malgré leur travaux de fatigue, ils ont conservé leurs poils très-brillants.

VOSGES. — M. Leglaive, cultivateur à Regnez (Vosges), m'écrit : « J'ai fait un essai sur un porc avec une partie de ma récolte de panais, et j'ai remarqué qu'il avait engraissé beaucoup plus vite que si on lui avait donné des pommes de terre. Mes chevaux les mangent aussi avec gourmandise. »

Lot. — M. Meynat, maréchal à Villeneuve (Lot), a eu une bonne récolte de panais. Les vaches, veaux, ainsi que les chevaux, en sont très-friands.

Avignon. — M. Malaval, Jules, propriétaire à Malevieille (Aveyron), a récolté de 2,500 à 2,600 kilog. de panais dans 6 ares de terre, ce qui donne en moyenne 40,000 kilog. à l'hectare.

« Je les donne à manger à des brebis de lait pour la fabrication du fromage de Roquefort, et j'ai remarqué que le lait était plus abondant depuis qu'elles en mangeaient, et les agneaux profitent à vue d'œil. »

Aveyron. — M. Sudres, instituteur à Crespin (Aveyron), m'écrit : « Les grandes pluies du printemps ont retardé les semis et la sécheresse de l'été n'a pas permis à la plante de se développer. Les produits, quoique minimes, ont permis à tous de reconnaître la supériorité du panais sur les autres plantes comme qualité. Les animaux en sont devenus très-friands ; dès qu'ils y ont goûté, ils ne touchent plus aux autres racines qu'on leur offre. »

Haute-Saône. — Aty-les-Rups (Haute-Saône), M. Taisson, Alfred, cultivateur, a récolté de très-beaux panais ; son cheval, ses bœufs les mangent avec avidité et s'engraissent de cette nourriture.

Vienne. — A St-Savin (Vienne), M. Houète, agriculteur, écrit : « Malgré les intempéries de la saison, j'ai été très-satisfait du rendement et de la grosseur de chaque pied. Le panais donné aux vaches, moutons, porcs et chevaux, tous les mangent avec avidité et s'en trouvent très-bien. »

Morbihan. — M. J. Guesmec, propriétaire à Bréhégaire (Morbihan), dit : « Je viens de faire tirer les panais et ils ont parfaitement passé l'hiver en terre et pas un n'a gelé. Les vaches et les porcs en sont très-friands et s'en portent fort bien. Cette nourriture donne beaucoup de lait. »

HAUTE-SAVOIE. — M. Cadet, Christophe, à Chatenod-Vanzy (Haute-Savoie), a été satisfait du résultat de sa récolte. La graine semée dans un terrain argileux suffisamment préparé, a levé à merveille et a été d'un bon rendement. Les vaches nourries de cette racine et des feuilles ont eu beaucoup de lait et les bœufs les mangent également bien.

NORD. — M. Courmant, Augustin, cultivateur à Annœullin (Nord), évalue sa récolte à 70,500 kilog. à l'hectare. Les vaches mangent bien cette racine et donnent un lait plus abondant, plus butyreux et d'un meilleur goût.

INDRE-ET-LOIRE. — A Ciran (Indre-et-Loire), M. S. Buffet n'a qu'à se louer de sa récolte de panais, qui, pour les vachss ont donné au lait une saveur et une abondance plus considérable, principalement en crème.

VOSGES. — A Bleurville (Vosges), M. A. Gaulard, cultivateur, dit : « Les panais ont parfaitement réussi et donné une bien belle récolte. Le produit a été au moins le double de la carotte.

» Les chevaux les mangent avec beaucoup d'avidité et les porcs s'en nourrissent aussi très-bien. »

SEINE-ET-OISE. — M. Pierre David, de Limetz (Seine-et-Oise), a récolté, en 1878, de 1,000 à 1,200 hectolitres à l'hectare, ce qui, à raison de 50 kilog. l'hectolitre, représente de 50,000 à 60,000 kilog. à l'hectare. Ses panais pesaient généralement de 1 à 2 kilog. 500 ; il y en eut un de 5 kilog. 300, mesurant 0 m. 71 de tour au collet et 0 m. 86 de longueur (proportions phénoménales). Ses bestiaux, vaches et porcs s'en nourrissent et cela leur profite on ne peut mieux.

Je reçois un deuxième rapport d'une deuxième récolte

qu'il a faite en 1879, et dans lequel il me fait remarquer que ses vaches et porcs préfèrent de beaucoup le panais à la pomme de terre ; qu'ils engraissent bien plus vite et que la viande de porc est plus succulente. Tant qu'au rendement, ajoute-t-il, il est le même que celui de 1878.

VAUCLUSE. — M. Barret, François, fils, propriétaire à Villerou, écrit : « La graine semée dans une terre de moyenne culture, a donné, malgré le rigoureux hiver, un résultat surprenant. Son emploi est très-avantageux. J'en ai donné aux chevaux, aux bœufs, aux lapins ainsi qu'aux porcs ; tous le mangent avec avidité. »

PUY-DE-DÔME. — M. Virevaux, maire à Saint-Beauzire (Puy-de-Dôme), a récolté 10,000 kilog. dans 10 ares de terre qu'il avait ensemencée. « J'en ai, dit-il, qui pèsent jusqu'à 5 kilog. et ce qui me fait le plus de plaisir, c'est qu'ils ont très-bien résisté à de très fortes gelées, tandis que les pommes de terre et les betteraves ont beaucoup souffert. Les chevaux, les vaches, les porcs et même la volaille mangent cette plante avec avidité. »

VOSGES. — Mme Ve Vincent, fermière aux Arpents (Vosges), m'écrit : « Je ne voudrais pas perdre une culture si avantageuse, une année seulement, vu les rendements surprenants que j'en retire, une récolte moyenne que j'évalue à 55,000 kilog. à l'hectare.

» Malgré l'année pluvieuse, les panais n'ont pas souffert comme les autres racines fourragères et ont résisté à l'intensité du froid, aussi bien en pleine terre qu'en silos ; j'ai remplacé presque totalement la place destinée aux betteraves et carottes, par cette racine. Les fromages que je fais avec le lait des vaches qui sont nourries de cette plante, ont acquis une renommée sans concurrence. »

VOSGES. — M. C. Valin, à Bazoches-Saint-Hoëne, accuse

une récolte qui a dépassé ses espérances ; dans un are de terre il a eu 2 mètres cubes 500 de panais ; il en a donné à manger à un jeune porc sans son ni farine, et cependant il grossissait à vue d'œil ; mais surtout à ses vaches laitières qui en sont très-friandes et qui ont une mine superbe depuis qu'elles en mangent.

VOSGES.— M. P. Marchal, cultivateur à Ruppes (Vosges), dit : « Je suis très-satisfait de ma récolte comme quantité et qualité. Chevaux, vaches, moutons et lapins en sont très-friands ; et assurément aussi pour le pot-au-feu. »

YONNE. — M. Emile Marchand, à Fyé (Yonne), a eu de très-beaux panais : « J'en ai encore en terre, dit-il, et qui résistent parfaitement au froid qui est très-rigoureux. J'ai engraissé un porc qui était très-friand de cette nourriture. »

YONNE. — M. Edme Desgranges, cultivateur à Rameau (Yonne), a été très-satisfait de sa récolte : « Aucune autre graine, ajoute-t-il, n'a réussi si bien dans le pays comme le panais. Les chevaux, les bêtes à cornes et les porcs en ont bien mangé, et nous autres aussi. »

CHER. — M. A. Manteau, au domaine de Vouzeron (Cher), annonce que ses semis ont parfaitement réussi et que les chevaux les consomment très-bien.

ANALYSE DU PANAIS

Nous avons voulu nous rendre compte, par l'analyse chimique, de la supériorité du panais breton sur le panais ordinaire. Un panais qui nous a été remis par M. Le Bian, nous a présenté la composition suivante :

Eau	82.72
Matières sèches.....................	17.28
Total..................	100.000

Les matières sèches sont ainsi composées :

Matières azotées.....................	7.94
Matières grasses.....................	1.80
Amidon et matières aromatiques......	64.99
Sucre cristallisable.	11.57
Cellulose............................	8.70
Cendres.............................	5.00
Total...............	100.00

Dans le panais ordinaire, la quantité de matières sèches n'est que de 11 pour 100. Toutefois, les matières azotées sont égales dans l'un et l'autre panais ; nous n'avons pas constaté la présence de nitrates. C'est par le sucre, l'amidon et les matières aromatiques que le panais breton se distingue. Les avantages de composition que démontre l'analyse suffisent d'ailleurs pour légitimer la supériorité que lui attribue la pratique agricole. Ces résultats s'accordent avec ceux obtenus par MM. Corenwinder (1) et Contamine, qui ont trouvé jusqu'à 21 pour-cent de matières sèches.

J.-A. BARRAL.

(*Journal de l'Agriculture* du 8 février 1789.)

---

(1) M. Corenwinder a classé dans l'ordre suivant, d'après leur teneur en azote, les racines alimentaires : panais, 1.378 0/0 ; betterave à sucre, 0.249 ; carotte rouge de Flandre, 0,226 ; rutabaga, 0.225 ; navet violet allongé, 0.221 ; betterave globe jaune, 0.174 ; betterave rouge, corne de bœuf, 0.167 ; navet rond, blanc, plat, 0.161.

Nous extrayons encore du *Journal de l'Agriculture*, du 1er mars, le paragraphe suivant concernant la nouvelle récompense qui vient d'être accordée à M. Le Bian par M. le Ministre de l'Agriculture, à l'Exposition agricole qui vient d'avoir lieu à Paris, au Palais de l'industrie :

« M. Le Bian (Brest), — *Médaille d'or.* — Collection de bonnes Pommes de terre ; collection de Betteraves ; puis un lot de ces magnifiques Panais dont, par ses soins et son désintéressement, on peut dire qu'il a doté la France. »

Nous n'en sommes plus aujourd'hui à compter ni les rapports que nous recevons, ni les départements d'où ils nous arrivent. Le Panais est désormais introduit dans toutes les parties de la France, sans aucune exception, et avec un résultat qui est partout également satisfaisant.

Je suis très-heureux de voir la culture du Panais se propager dans toute la France ; les rapports mentionnés ci-dessus démontrent grandement que les efforts tentés par moi pour la propagation de cette racine ont été couronnés d'un plein succès, et, je l'espère fermement, grâce à Dieu et grâce au zèle de ceux qui voudront combiner leurs efforts avec les miens, la culture du Panais fera le tour du monde agricole.

Je ne me lasserai donc pas de répéter à tous nos braves cultivateurs : Courage et persévérance.

Brest, le 20 Mars 1879.

LE BIAN.

STATISTIQUE

DE LA

CULTURE DU PANAIS

DE 1874 A 1883

———

1° Voici le nombre des demandes de graines de panais que j'ai reçues cette année (1879) de tous les départements de la France et de l'étranger, jusqu'au 30 avril inclusivement : 1,700.

2° A ces 1,700 demandes, jai répondu, tout en expédiant gratis et à domicile, une brochure traitant de la culture du panais comme plante fourragère, et par l'envoi de 300 cents grammes à un et deux kilogrammes de la graine en question, c'est-à-dire suivant les exigences et les besoins des demandeurs.

RELEVÉ

DES QUANTITÉS DE SACS DE GRAINES DE PANAIS

EXPÉDIÉES

DANS LES DÉPARTEMENTS DE LA FRANCE ET A L'ÉTRANGER

		Quantités
1	Ain..	14
2	Aisne.	51
3	Allier.	10
4	Basses-Alpes.	7
5	Hautes-Alpes.	10
6	Alpes-Maritimes.	4
7	Ardèche.	15
8	Ardennes.	16
9	Ariége.	7
10	Aube.	44
11	Aude..	10
12	Aveyron..	82
13	Bouches-du-Rhône.	11
14	Calvados.	10
15	Cantal..	8
16	Charente..	26
17	Charente-Inférieure..	24
18	Cher..	12
19	Corrèze.	8
20	Corse.	6

		Quantités
83	Vendée	12
84	Vienne	21
85	Haute-Vienne	20
86	Vosges	41
87	Yonne	32
88	Algérie	5

PAYS ÉTRANGERS

		Quantités
1	Alsace-Lorraine	72
2	Autriche	2
3	Belgique	1
4	Espagne	6
5	Italie	1
6	Grand-Duché du Luxembourg	2
7	Pays-Bas (Brabant septentrional)	1
8	Russie	17
9	Roumanie	3
10	Suisse	2

J'ai l'honneur de vous faire connaître depuis quelle époque j'ai commencé à faire en France ma distribution de graines de ce Panais qui est aujourd'hui reconnu par les plus savants chimistes, comme étant la première de toutes les racines fourragères pour la nourriture des chevaux et des vaches laitières, ainsi que pour l'engraissement de tous les bestiaux.

En 1874 j'ai répondu à	225	demandes	
En 1875	—	450	—
En 1876	—	620	—
En 1877	—	825	—
En 1878	—	1.250	—
En 1879	—	1.700	—
En 1880			
En 1881		3.308	—
En 1882			
En 1883			

TOTAL. . . . . 8.378 expéditions pour les dix années.

J'ai aussi expédié la brochure et la graine de Panais à l'étranger, et cela dans les mêmes conditions qu'en France, c'est-à-dire tout-à-fait gratuitement.

Les 230 rapports que j'ai reçus de la récolte de 1878, plus 54 en 1880, de tous les départements de la France, constatent de nouveau la réussite de cette plante fourragère.

Le 30 Avril 1883.

*A l'Hermitage. commune de Lambézellec, près Brest,
département du Finistère, et à Brest, rue Monge, 5.*

G. LE BIAN.

BREST. — IMPRIMERIE F. HALÉGOUET, RUE KLÉBER, 11

www.ingramcontent.com/pod-product-compliance
Lightning Source LLC
LaVergne TN
LVHW021827170726
843503LV00007B/3346